Time Traveler's Diary

Over 100 weeks of planning.
any year — any galaxy.

Archi Medes

Published by:
Recursive Press
Alpha Centuri
Copyright 2047
All Rights Reserved

RecursivePress@galaxymail.com

ISBN-13:
978-1974533473

ISBN-10:
1974533476

If found, please return to

Name:

Address:

Phone:

Email:

Home Year:

Galaxy:

Worm Hole Ref:

JAN FEB MAR APR MAY JUN JUL AUG SEP OCT NOV DEC

SATURDAY

MONDAY

TUESDAY

SUNDAY

ALPHA BETA GAMMA DELTA EPSILON ZETA ETA THETA IOTA KAPPA

JAN FEB MAR APR MAY JUN JUL AUG SEP OCT NOV DEC

WEDNESDAY ## THURSDAY ## FRIDAY

ALPHA BETA GAMMA DELTA EPSILON ZETA ETA THETA IOTA KAPPA

JAN FEB MAR APR MAY JUN JUL AUG SEP OCT NOV DEC

SATURDAY

MONDAY

TUESDAY

SUNDAY

ALPHA BETA GAMMA DELTA EPSILON ZETA ETA THETA IOTA KAPPA

JAN FEB MAR APR MAY JUN JUL AUG SEP OCT NOV DEC

WEDNESDAY   ## THURSDAY   ## FRIDAY

ALPHA BETA GAMMA DELTA EPSILON ZETA ETA THETA IOTA KAPPA

JAN FEB MAR APR MAY JUN JUL AUG SEP OCT NOV DEC

SATURDAY

MONDAY

TUESDAY

SUNDAY

ALPHA BETA GAMMA DELTA EPSILON ZETA ETA THETA IOTA KAPPA

JAN FEB MAR APR MAY JUN JUL AUG SEP OCT NOV DEC

WEDNESDAY

THURSDAY

FRIDAY

ALPHA BETA GAMMA DELTA EPSILON ZETA ETA THETA IOTA KAPPA

JAN FEB MAR APR MAY JUN JUL AUG SEP OCT NOV DEC

SATURDAY

MONDAY

TUESDAY

SUNDAY

ALPHA BETA GAMMA DELTA EPSILON ZETA ETA THETA IOTA KAPPA

JAN FEB MAR APR MAY JUN JUL AUG SEP OCT NOV DEC

WEDNESDAY | ## THURSDAY | ## FRIDAY

ALPHA BETA GAMMA DELTA EPSILON ZETA ETA THETA IOTA KAPPA

JAN FEB MAR APR MAY JUN JUL AUG SEP OCT NOV DEC

SATURDAY

MONDAY

TUESDAY

SUNDAY

ALPHA BETA GAMMA DELTA EPSILON ZETA ETA THETA IOTA KAPPA

JAN FEB MAR APR MAY JUN JUL AUG SEP OCT NOV DEC

WEDNESDAY   ## THURSDAY   ## FRIDAY

ALPHA BETA GAMMA DELTA EPSILON ZETA ETA THETA IOTA KAPPA

JAN FEB MAR APR MAY JUN JUL AUG SEP OCT NOV DEC

SATURDAY	MONDAY	TUESDAY
SUNDAY		

ALPHA BETA GAMMA DELTA EPSILON ZETA ETA THETA IOTA KAPPA

JAN FEB MAR APR MAY JUN JUL AUG SEP OCT NOV DEC

<u>WEDNESDAY</u>	<u>THURSDAY</u>	<u>FRIDAY</u>

ALPHA BETA GAMMA DELTA EPSILON ZETA ETA THETA IOTA KAPPA

JAN FEB MAR APR MAY JUN JUL AUG SEP OCT NOV DEC

SATURDAY

MONDAY

TUESDAY

SUNDAY

ALPHA BETA GAMMA DELTA EPSILON ZETA ETA THETA IOTA KAPPA

JAN FEB MAR APR MAY JUN JUL AUG SEP OCT NOV DEC

WEDNESDAY   ## THURSDAY   ## FRIDAY

ALPHA BETA GAMMA DELTA EPSILON ZETA ETA THETA IOTA KAPPA

JAN FEB MAR APR MAY JUN JUL AUG SEP OCT NOV DEC

SATURDAY

MONDAY

TUESDAY

SUNDAY

ALPHA BETA GAMMA DELTA EPSILON ZETA ETA THETA IOTA KAPPA

JAN FEB MAR APR MAY JUN JUL AUG SEP OCT NOV DEC

WEDNESDAY	THURSDAY	FRIDAY

ALPHA BETA GAMMA DELTA EPSILON ZETA ETA THETA IOTA KAPPA

JAN FEB MAR APR MAY JUN JUL AUG SEP OCT NOV DEC

SATURDAY

MONDAY

TUESDAY

SUNDAY

ALPHA BETA GAMMA DELTA EPSILON ZETA ETA THETA IOTA KAPPA

JAN FEB MAR APR MAY JUN JUL AUG SEP OCT NOV DEC

WEDNESDAY | ## THURSDAY | ## FRIDAY

ALPHA BETA GAMMA DELTA EPSILON ZETA ETA THETA IOTA KAPPA

JAN FEB MAR APR MAY JUN JUL AUG SEP OCT NOV DEC

SATURDAY

MONDAY

TUESDAY

SUNDAY

ALPHA BETA GAMMA DELTA EPSILON ZETA ETA THETA IOTA KAPPA

JAN FEB MAR APR MAY JUN JUL AUG SEP OCT NOV DEC

WEDNESDAY   ## THURSDAY   ## FRIDAY

ALPHA BETA GAMMA DELTA EPSILON ZETA ETA THETA IOTA KAPPA

JAN FEB MAR APR MAY JUN JUL AUG SEP OCT NOV DEC

SATURDAY

MONDAY

TUESDAY

SUNDAY

ALPHA BETA GAMMA DELTA EPSILON ZETA ETA THETA IOTA KAPPA

JAN FEB MAR APR MAY JUN JUL AUG SEP OCT NOV DEC

WEDNESDAY	THURSDAY	FRIDAY

ALPHA BETA GAMMA DELTA EPSILON ZETA ETA THETA IOTA KAPPA

JAN FEB MAR APR MAY JUN JUL AUG SEP OCT NOV DEC

SATURDAY

MONDAY

TUESDAY

SUNDAY

ALPHA BETA GAMMA DELTA EPSILON ZETA ETA THETA IOTA KAPPA

JAN FEB MAR APR MAY JUN JUL AUG SEP OCT NOV DEC

WEDNESDAY   ## THURSDAY   ## FRIDAY

ALPHA BETA GAMMA DELTA EPSILON ZETA ETA THETA IOTA KAPPA

JAN FEB MAR APR MAY JUN JUL AUG SEP OCT NOV DEC

SATURDAY

MONDAY

TUESDAY

SUNDAY

ALPHA BETA GAMMA DELTA EPSILON ZETA ETA THETA IOTA KAPPA

JAN FEB MAR APR MAY JUN JUL AUG SEP OCT NOV DEC

WEDNESDAY   ## THURSDAY   ## FRIDAY

ALPHA BETA GAMMA DELTA EPSILON ZETA ETA THETA IOTA KAPPA

JAN FEB MAR APR MAY JUN JUL AUG SEP OCT NOV DEC

SATURDAY

MONDAY

TUESDAY

SUNDAY

ALPHA BETA GAMMA DELTA EPSILON ZETA ETA THETA IOTA KAPPA

JAN FEB MAR APR MAY JUN JUL AUG SEP OCT NOV DEC

WEDNESDAY

THURSDAY

FRIDAY

ALPHA BETA GAMMA DELTA EPSILON ZETA ETA THETA IOTA KAPPA

JAN FEB MAR APR MAY JUN JUL AUG SEP OCT NOV DEC

SATURDAY

MONDAY

TUESDAY

SUNDAY

ALPHA BETA GAMMA DELTA EPSILON ZETA ETA THETA IOTA KAPPA

JAN FEB MAR APR MAY JUN JUL AUG SEP OCT NOV DEC

WEDNESDAY	THURSDAY	FRIDAY

ALPHA BETA GAMMA DELTA EPSILON ZETA ETA THETA IOTA KAPPA

JAN FEB MAR APR MAY JUN JUL AUG SEP OCT NOV DEC

SATURDAY

MONDAY

TUESDAY

SUNDAY

ALPHA BETA GAMMA DELTA EPSILON ZETA ETA THETA IOTA KAPPA

JAN FEB MAR APR MAY JUN JUL AUG SEP OCT NOV DEC

<u>WEDNESDAY</u>	<u>THURSDAY</u>	<u>FRIDAY</u>

ALPHA BETA GAMMA DELTA EPSILON ZETA ETA THETA IOTA KAPPA

JAN FEB MAR APR MAY JUN JUL AUG SEP OCT NOV DEC

SATURDAY   ## MONDAY   ## TUESDAY

SUNDAY

ALPHA BETA GAMMA DELTA EPSILON ZETA ETA THETA IOTA KAPPA

JAN FEB MAR APR MAY JUN JUL AUG SEP OCT NOV DEC

WEDNESDAY   ## THURSDAY   ## FRIDAY

ALPHA BETA GAMMA DELTA EPSILON ZETA ETA THETA IOTA KAPPA

JAN FEB MAR APR MAY JUN JUL AUG SEP OCT NOV DEC

SATURDAY

MONDAY

TUESDAY

SUNDAY

ALPHA BETA GAMMA DELTA EPSILON ZETA ETA THETA IOTA KAPPA

JAN FEB MAR APR MAY JUN JUL AUG SEP OCT NOV DEC

WEDNESDAY   ## THURSDAY   ## FRIDAY

ALPHA BETA GAMMA DELTA EPSILON ZETA ETA THETA IOTA KAPPA

JAN FEB MAR APR MAY JUN JUL AUG SEP OCT NOV DEC

SATURDAY

MONDAY

TUESDAY

SUNDAY

ALPHA BETA GAMMA DELTA EPSILON ZETA ETA THETA IOTA KAPPA

JAN FEB MAR APR MAY JUN JUL AUG SEP OCT NOV DEC

WEDNESDAY	THURSDAY	FRIDAY

ALPHA BETA GAMMA DELTA EPSILON ZETA ETA THETA IOTA KAPPA

JAN FEB MAR APR MAY JUN JUL AUG SEP OCT NOV DEC

SATURDAY

MONDAY

TUESDAY

SUNDAY

ALPHA BETA GAMMA DELTA EPSILON ZETA ETA THETA IOTA KAPPA

JAN FEB MAR APR MAY JUN JUL AUG SEP OCT NOV DEC

WEDNESDAY   ## THURSDAY   ## FRIDAY

ALPHA BETA GAMMA DELTA EPSILON ZETA ETA THETA IOTA KAPPA

JAN FEB MAR APR MAY JUN JUL AUG SEP OCT NOV DEC

SATURDAY | ## MONDAY | ## TUESDAY

SUNDAY

ALPHA BETA GAMMA DELTA EPSILON ZETA ETA THETA IOTA KAPPA

JAN FEB MAR APR MAY JUN JUL AUG SEP OCT NOV DEC

WEDNESDAY   ## THURSDAY   ## FRIDAY

ALPHA BETA GAMMA DELTA EPSILON ZETA ETA THETA IOTA KAPPA

JAN FEB MAR APR MAY JUN JUL AUG SEP OCT NOV DEC

SATURDAY

MONDAY

TUESDAY

SUNDAY

ALPHA BETA GAMMA DELTA EPSILON ZETA ETA THETA IOTA KAPPA

JAN FEB MAR APR MAY JUN JUL AUG SEP OCT NOV DEC

WEDNESDAY   ## THURSDAY   ## FRIDAY

ALPHA BETA GAMMA DELTA EPSILON ZETA ETA THETA IOTA KAPPA

JAN FEB MAR APR MAY JUN JUL AUG SEP OCT NOV DEC

SATURDAY

MONDAY

TUESDAY

SUNDAY

ALPHA BETA GAMMA DELTA EPSILON ZETA ETA THETA IOTA KAPPA

JAN FEB MAR APR MAY JUN JUL AUG SEP OCT NOV DEC

WEDNESDAY

THURSDAY

FRIDAY

ALPHA BETA GAMMA DELTA EPSILON ZETA ETA THETA IOTA KAPPA

JAN FEB MAR APR MAY JUN JUL AUG SEP OCT NOV DEC

SATURDAY

MONDAY

TUESDAY

SUNDAY

ALPHA BETA GAMMA DELTA EPSILON ZETA ETA THETA IOTA KAPPA

JAN FEB MAR APR MAY JUN JUL AUG SEP OCT NOV DEC

WEDNESDAY   ## THURSDAY   ## FRIDAY

ALPHA BETA GAMMA DELTA EPSILON ZETA ETA THETA IOTA KAPPA

JAN FEB MAR APR MAY JUN JUL AUG SEP OCT NOV DEC

SATURDAY

MONDAY

TUESDAY

SUNDAY

ALPHA BETA GAMMA DELTA EPSILON ZETA ETA THETA IOTA KAPPA

JAN FEB MAR APR MAY JUN JUL AUG SEP OCT NOV DEC

WEDNESDAY ## THURSDAY ## FRIDAY

ALPHA BETA GAMMA DELTA EPSILON ZETA ETA THETA IOTA KAPPA

JAN FEB MAR APR MAY JUN JUL AUG SEP OCT NOV DEC

SATURDAY

MONDAY

TUESDAY

SUNDAY

ALPHA BETA GAMMA DELTA EPSILON ZETA ETA THETA IOTA KAPPA

JAN FEB MAR APR MAY JUN JUL AUG SEP OCT NOV DEC

WEDNESDAY   ## THURSDAY   ## FRIDAY

ALPHA BETA GAMMA DELTA EPSILON ZETA ETA THETA IOTA KAPPA

JAN FEB MAR APR MAY JUN JUL AUG SEP OCT NOV DEC

SATURDAY

MONDAY

TUESDAY

SUNDAY

ALPHA BETA GAMMA DELTA EPSILON ZETA ETA THETA IOTA KAPPA

JAN FEB MAR APR MAY JUN JUL AUG SEP OCT NOV DEC

WEDNESDAY

THURSDAY

FRIDAY

ALPHA BETA GAMMA DELTA EPSILON ZETA ETA THETA IOTA KAPPA

JAN FEB MAR APR MAY JUN JUL AUG SEP OCT NOV DEC

SATURDAY

MONDAY

TUESDAY

SUNDAY

ALPHA BETA GAMMA DELTA EPSILON ZETA ETA THETA IOTA KAPPA

JAN FEB MAR APR MAY JUN JUL AUG SEP OCT NOV DEC

WEDNESDAY	THURSDAY	FRIDAY

ALPHA BETA GAMMA DELTA EPSILON ZETA ETA THETA IOTA KAPPA

JAN FEB MAR APR MAY JUN JUL AUG SEP OCT NOV DEC

SATURDAY   ## MONDAY   ## TUESDAY

SUNDAY

ALPHA BETA GAMMA DELTA EPSILON ZETA ETA THETA IOTA KAPPA

JAN FEB MAR APR MAY JUN JUL AUG SEP OCT NOV DEC

WEDNESDAY   ## THURSDAY   ## FRIDAY

ALPHA BETA GAMMA DELTA EPSILON ZETA ETA THETA IOTA KAPPA

JAN FEB MAR APR MAY JUN JUL AUG SEP OCT NOV DEC

SATURDAY	MONDAY	TUESDAY
SUNDAY		

ALPHA BETA GAMMA DELTA EPSILON ZETA ETA THETA IOTA KAPPA

JAN FEB MAR APR MAY JUN JUL AUG SEP OCT NOV DEC

WEDNESDAY | ## THURSDAY | ## FRIDAY

ALPHA BETA GAMMA DELTA EPSILON ZETA ETA THETA IOTA KAPPA

JAN FEB MAR APR MAY JUN JUL AUG SEP OCT NOV DEC

SATURDAY

MONDAY

TUESDAY

SUNDAY

ALPHA BETA GAMMA DELTA EPSILON ZETA ETA THETA IOTA KAPPA

JAN FEB MAR APR MAY JUN JUL AUG SEP OCT NOV DEC

WEDNESDAY	THURSDAY	FRIDAY

ALPHA BETA GAMMA DELTA EPSILON ZETA ETA THETA IOTA KAPPA

JAN FEB MAR APR MAY JUN JUL AUG SEP OCT NOV DEC

SATURDAY

MONDAY

TUESDAY

SUNDAY

ALPHA BETA GAMMA DELTA EPSILON ZETA ETA THETA IOTA KAPPA

JAN FEB MAR APR MAY JUN JUL AUG SEP OCT NOV DEC

WEDNESDAY

THURSDAY

FRIDAY

ALPHA BETA GAMMA DELTA EPSILON ZETA ETA THETA IOTA KAPPA

JAN FEB MAR APR MAY JUN JUL AUG SEP OCT NOV DEC

SATURDAY

MONDAY

TUESDAY

SUNDAY

ALPHA BETA GAMMA DELTA EPSILON ZETA ETA THETA IOTA KAPPA

JAN FEB MAR APR MAY JUN JUL AUG SEP OCT NOV DEC

WEDNESDAY

THURSDAY

FRIDAY

ALPHA BETA GAMMA DELTA EPSILON ZETA ETA THETA IOTA KAPPA

JAN FEB MAR APR MAY JUN JUL AUG SEP OCT NOV DEC

SATURDAY

MONDAY

TUESDAY

SUNDAY

ALPHA BETA GAMMA DELTA EPSILON ZETA ETA THETA IOTA KAPPA

JAN FEB MAR APR MAY JUN JUL AUG SEP OCT NOV DEC

WEDNESDAY

THURSDAY

FRIDAY

ALPHA BETA GAMMA DELTA EPSILON ZETA ETA THETA IOTA KAPPA

JAN FEB MAR APR MAY JUN JUL AUG SEP OCT NOV DEC

<u>SATURDAY</u>   <u>MONDAY</u>   <u>TUESDAY</u>

<u>SUNDAY</u>

ALPHA BETA GAMMA DELTA EPSILON ZETA ETA THETA IOTA KAPPA

JAN FEB MAR APR MAY JUN JUL AUG SEP OCT NOV DEC

WEDNESDAY   ## THURSDAY   ## FRIDAY

ALPHA BETA GAMMA DELTA EPSILON ZETA ETA THETA IOTA KAPPA

JAN FEB MAR APR MAY JUN JUL AUG SEP OCT NOV DEC

SATURDAY   ## MONDAY   ## TUESDAY

SUNDAY

ALPHA BETA GAMMA DELTA EPSILON ZETA ETA THETA IOTA KAPPA

JAN FEB MAR APR MAY JUN JUL AUG SEP OCT NOV DEC

WEDNESDAY   ## THURSDAY   ## FRIDAY

ALPHA BETA GAMMA DELTA EPSILON ZETA ETA THETA IOTA KAPPA

JAN FEB MAR APR MAY JUN JUL AUG SEP OCT NOV DEC

SATURDAY

MONDAY

TUESDAY

SUNDAY

ALPHA BETA GAMMA DELTA EPSILON ZETA ETA THETA IOTA KAPPA

JAN FEB MAR APR MAY JUN JUL AUG SEP OCT NOV DEC

WEDNESDAY	THURSDAY	FRIDAY

ALPHA BETA GAMMA DELTA EPSILON ZETA ETA THETA IOTA KAPPA

JAN FEB MAR APR MAY JUN JUL AUG SEP OCT NOV DEC

SATURDAY

MONDAY

TUESDAY

SUNDAY

ALPHA BETA GAMMA DELTA EPSILON ZETA ETA THETA IOTA KAPPA

JAN FEB MAR APR MAY JUN JUL AUG SEP OCT NOV DEC

WEDNESDAY   ## THURSDAY   ## FRIDAY

ALPHA BETA GAMMA DELTA EPSILON ZETA ETA THETA IOTA KAPPA

JAN FEB MAR APR MAY JUN JUL AUG SEP OCT NOV DEC

SATURDAY

MONDAY

TUESDAY

SUNDAY

ALPHA BETA GAMMA DELTA EPSILON ZETA ETA THETA IOTA KAPPA

JAN FEB MAR APR MAY JUN JUL AUG SEP OCT NOV DEC

WEDNESDAY	THURSDAY	FRIDAY

ALPHA BETA GAMMA DELTA EPSILON ZETA ETA THETA IOTA KAPPA

JAN FEB MAR APR MAY JUN JUL AUG SEP OCT NOV DEC

SATURDAY

MONDAY

TUESDAY

SUNDAY

ALPHA BETA GAMMA DELTA EPSILON ZETA ETA THETA IOTA KAPPA

JAN FEB MAR APR MAY JUN JUL AUG SEP OCT NOV DEC

WEDNESDAY

THURSDAY

FRIDAY

ALPHA BETA GAMMA DELTA EPSILON ZETA ETA THETA IOTA KAPPA

JAN FEB MAR APR MAY JUN JUL AUG SEP OCT NOV DEC

SATURDAY

MONDAY

TUESDAY

SUNDAY

ALPHA BETA GAMMA DELTA EPSILON ZETA ETA THETA IOTA KAPPA

JAN FEB MAR APR MAY JUN JUL AUG SEP OCT NOV DEC

WEDNESDAY

THURSDAY

FRIDAY

ALPHA BETA GAMMA DELTA EPSILON ZETA ETA THETA IOTA KAPPA

JAN FEB MAR APR MAY JUN JUL AUG SEP OCT NOV DEC

SATURDAY

MONDAY

TUESDAY

SUNDAY

ALPHA BETA GAMMA DELTA EPSILON ZETA ETA THETA IOTA KAPPA

JAN FEB MAR APR MAY JUN JUL AUG SEP OCT NOV DEC

WEDNESDAY	THURSDAY	FRIDAY

ALPHA BETA GAMMA DELTA EPSILON ZETA ETA THETA IOTA KAPPA

JAN FEB MAR APR MAY JUN JUL AUG SEP OCT NOV DEC

SATURDAY

MONDAY

TUESDAY

SUNDAY

ALPHA BETA GAMMA DELTA EPSILON ZETA ETA THETA IOTA KAPPA

JAN FEB MAR APR MAY JUN JUL AUG SEP OCT NOV DEC

WEDNESDAY

THURSDAY

FRIDAY

ALPHA BETA GAMMA DELTA EPSILON ZETA ETA THETA IOTA KAPPA

JAN FEB MAR APR MAY JUN JUL AUG SEP OCT NOV DEC

SATURDAY

MONDAY

TUESDAY

SUNDAY

ALPHA BETA GAMMA DELTA EPSILON ZETA ETA THETA IOTA KAPPA

JAN FEB MAR APR MAY JUN JUL AUG SEP OCT NOV DEC

WEDNESDAY ## THURSDAY ## FRIDAY

ALPHA BETA GAMMA DELTA EPSILON ZETA ETA THETA IOTA KAPPA

JAN FEB MAR APR MAY JUN JUL AUG SEP OCT NOV DEC

SATURDAY

MONDAY

TUESDAY

SUNDAY

ALPHA BETA GAMMA DELTA EPSILON ZETA ETA THETA IOTA KAPPA

JAN FEB MAR APR MAY JUN JUL AUG SEP OCT NOV DEC

WEDNESDAY	THURSDAY	FRIDAY

ALPHA BETA GAMMA DELTA EPSILON ZETA ETA THETA IOTA KAPPA

JAN FEB MAR APR MAY JUN JUL AUG SEP OCT NOV DEC

SATURDAY

MONDAY

TUESDAY

SUNDAY

ALPHA BETA GAMMA DELTA EPSILON ZETA ETA THETA IOTA KAPPA

JAN FEB MAR APR MAY JUN JUL AUG SEP OCT NOV DEC

WEDNESDAY   ## THURSDAY   ## FRIDAY

ALPHA BETA GAMMA DELTA EPSILON ZETA ETA THETA IOTA KAPPA

JAN FEB MAR APR MAY JUN JUL AUG SEP OCT NOV DEC

SATURDAY

MONDAY

TUESDAY

SUNDAY

ALPHA BETA GAMMA DELTA EPSILON ZETA ETA THETA IOTA KAPPA

JAN FEB MAR APR MAY JUN JUL AUG SEP OCT NOV DEC

WEDNESDAY ## THURSDAY ## FRIDAY

ALPHA BETA GAMMA DELTA EPSILON ZETA ETA THETA IOTA KAPPA

JAN FEB MAR APR MAY JUN JUL AUG SEP OCT NOV DEC

SATURDAY

MONDAY

TUESDAY

SUNDAY

ALPHA BETA GAMMA DELTA EPSILON ZETA ETA THETA IOTA KAPPA

JAN FEB MAR APR MAY JUN JUL AUG SEP OCT NOV DEC

<u>WEDNESDAY</u>	<u>THURSDAY</u>	<u>FRIDAY</u>

ALPHA BETA GAMMA DELTA EPSILON ZETA ETA THETA IOTA KAPPA

JAN FEB MAR APR MAY JUN JUL AUG SEP OCT NOV DEC

SATURDAY

MONDAY

TUESDAY

SUNDAY

ALPHA BETA GAMMA DELTA EPSILON ZETA ETA THETA IOTA KAPPA

JAN FEB MAR APR MAY JUN JUL AUG SEP OCT NOV DEC

WEDNESDAY	THURSDAY	FRIDAY

ALPHA BETA GAMMA DELTA EPSILON ZETA ETA THETA IOTA KAPPA

JAN FEB MAR APR MAY JUN JUL AUG SEP OCT NOV DEC

SATURDAY

MONDAY

TUESDAY

SUNDAY

ALPHA BETA GAMMA DELTA EPSILON ZETA ETA THETA IOTA KAPPA

JAN FEB MAR APR MAY JUN JUL AUG SEP OCT NOV DEC

WEDNESDAY   ## THURSDAY   ## FRIDAY

ALPHA BETA GAMMA DELTA EPSILON ZETA ETA THETA IOTA KAPPA

JAN FEB MAR APR MAY JUN JUL AUG SEP OCT NOV DEC

<u>SATURDAY</u>   <u>MONDAY</u>   <u>TUESDAY</u>

<u>SUNDAY</u>

ALPHA BETA GAMMA DELTA EPSILON ZETA ETA THETA IOTA KAPPA

JAN FEB MAR APR MAY JUN JUL AUG SEP OCT NOV DEC

WEDNESDAY　　　　## THURSDAY　　　　## FRIDAY

ALPHA BETA GAMMA DELTA EPSILON ZETA ETA THETA IOTA KAPPA

JAN FEB MAR APR MAY JUN JUL AUG SEP OCT NOV DEC

SATURDAY

MONDAY

TUESDAY

SUNDAY

ALPHA BETA GAMMA DELTA EPSILON ZETA ETA THETA IOTA KAPPA

JAN FEB MAR APR MAY JUN JUL AUG SEP OCT NOV DEC

WEDNESDAY

THURSDAY

FRIDAY

ALPHA BETA GAMMA DELTA EPSILON ZETA ETA THETA IOTA KAPPA

JAN FEB MAR APR MAY JUN JUL AUG SEP OCT NOV DEC

SATURDAY

MONDAY

TUESDAY

SUNDAY

ALPHA BETA GAMMA DELTA EPSILON ZETA ETA THETA IOTA KAPPA

JAN FEB MAR APR MAY JUN JUL AUG SEP OCT NOV DEC

WEDNESDAY	THURSDAY	FRIDAY

ALPHA BETA GAMMA DELTA EPSILON ZETA ETA THETA IOTA KAPPA

JAN FEB MAR APR MAY JUN JUL AUG SEP OCT NOV DEC

SATURDAY

MONDAY

TUESDAY

SUNDAY

ALPHA BETA GAMMA DELTA EPSILON ZETA ETA THETA IOTA KAPPA

JAN FEB MAR APR MAY JUN JUL AUG SEP OCT NOV DEC

WEDNESDAY

THURSDAY

FRIDAY

ALPHA BETA GAMMA DELTA EPSILON ZETA ETA THETA IOTA KAPPA

JAN FEB MAR APR MAY JUN JUL AUG SEP OCT NOV DEC

SATURDAY

MONDAY

TUESDAY

SUNDAY

ALPHA BETA GAMMA DELTA EPSILON ZETA ETA THETA IOTA KAPPA

JAN FEB MAR APR MAY JUN JUL AUG SEP OCT NOV DEC

<u>WEDNESDAY</u>	<u>THURSDAY</u>	<u>FRIDAY</u>

ALPHA BETA GAMMA DELTA EPSILON ZETA ETA THETA IOTA KAPPA

JAN FEB MAR APR MAY JUN JUL AUG SEP OCT NOV DEC

SATURDAY

MONDAY

TUESDAY

SUNDAY

ALPHA BETA GAMMA DELTA EPSILON ZETA ETA THETA IOTA KAPPA

JAN FEB MAR APR MAY JUN JUL AUG SEP OCT NOV DEC

WEDNESDAY | ## THURSDAY | ## FRIDAY

ALPHA BETA GAMMA DELTA EPSILON ZETA ETA THETA IOTA KAPPA

JAN FEB MAR APR MAY JUN JUL AUG SEP OCT NOV DEC

SATURDAY

MONDAY

TUESDAY

SUNDAY

ALPHA BETA GAMMA DELTA EPSILON ZETA ETA THETA IOTA KAPPA

JAN FEB MAR APR MAY JUN JUL AUG SEP OCT NOV DEC

WEDNESDAY ## THURSDAY ## FRIDAY

ALPHA BETA GAMMA DELTA EPSILON ZETA ETA THETA IOTA KAPPA

JAN FEB MAR APR MAY JUN JUL AUG SEP OCT NOV DEC

SATURDAY

MONDAY

TUESDAY

SUNDAY

ALPHA BETA GAMMA DELTA EPSILON ZETA ETA THETA IOTA KAPPA

JAN FEB MAR APR MAY JUN JUL AUG SEP OCT NOV DEC

WEDNESDAY	THURSDAY	FRIDAY

ALPHA BETA GAMMA DELTA EPSILON ZETA ETA THETA IOTA KAPPA

JAN FEB MAR APR MAY JUN JUL AUG SEP OCT NOV DEC

SATURDAY

MONDAY

TUESDAY

SUNDAY

ALPHA BETA GAMMA DELTA EPSILON ZETA ETA THETA IOTA KAPPA

JAN FEB MAR APR MAY JUN JUL AUG SEP OCT NOV DEC

WEDNESDAY　　　## THURSDAY　　　## FRIDAY

ALPHA BETA GAMMA DELTA EPSILON ZETA ETA THETA IOTA KAPPA

JAN FEB MAR APR MAY JUN JUL AUG SEP OCT NOV DEC

SATURDAY

MONDAY

TUESDAY

SUNDAY

ALPHA BETA GAMMA DELTA EPSILON ZETA ETA THETA IOTA KAPPA

JAN FEB MAR APR MAY JUN JUL AUG SEP OCT NOV DEC

<u>WEDNESDAY</u>	<u>THURSDAY</u>	<u>FRIDAY</u>

ALPHA BETA GAMMA DELTA EPSILON ZETA ETA THETA IOTA KAPPA

JAN FEB MAR APR MAY JUN JUL AUG SEP OCT NOV DEC

SATURDAY

MONDAY

TUESDAY

SUNDAY

ALPHA BETA GAMMA DELTA EPSILON ZETA ETA THETA IOTA KAPPA

JAN FEB MAR APR MAY JUN JUL AUG SEP OCT NOV DEC

WEDNESDAY	THURSDAY	FRIDAY

ALPHA BETA GAMMA DELTA EPSILON ZETA ETA THETA IOTA KAPPA

JAN FEB MAR APR MAY JUN JUL AUG SEP OCT NOV DEC

<u>SATURDAY</u>　　　<u>MONDAY</u>　　　<u>TUESDAY</u>

<u>SUNDAY</u>

ALPHA BETA GAMMA DELTA EPSILON ZETA ETA THETA IOTA KAPPA

JAN FEB MAR APR MAY JUN JUL AUG SEP OCT NOV DEC

WEDNESDAY

THURSDAY

FRIDAY

ALPHA BETA GAMMA DELTA EPSILON ZETA ETA THETA IOTA KAPPA

JAN FEB MAR APR MAY JUN JUL AUG SEP OCT NOV DEC

SATURDAY

MONDAY

TUESDAY

SUNDAY

ALPHA BETA GAMMA DELTA EPSILON ZETA ETA THETA IOTA KAPPA

JAN FEB MAR APR MAY JUN JUL AUG SEP OCT NOV DEC

<u>WEDNESDAY</u>	<u>THURSDAY</u>	<u>FRIDAY</u>

ALPHA BETA GAMMA DELTA EPSILON ZETA ETA THETA IOTA KAPPA

JAN FEB MAR APR MAY JUN JUL AUG SEP OCT NOV DEC

SATURDAY

MONDAY

TUESDAY

SUNDAY

ALPHA BETA GAMMA DELTA EPSILON ZETA ETA THETA IOTA KAPPA

JAN FEB MAR APR MAY JUN JUL AUG SEP OCT NOV DEC

WEDNESDAY	THURSDAY	FRIDAY

ALPHA BETA GAMMA DELTA EPSILON ZETA ETA THETA IOTA KAPPA

JAN FEB MAR APR MAY JUN JUL AUG SEP OCT NOV DEC

SATURDAY

MONDAY

TUESDAY

SUNDAY

ALPHA BETA GAMMA DELTA EPSILON ZETA ETA THETA IOTA KAPPA

JAN FEB MAR APR MAY JUN JUL AUG SEP OCT NOV DEC

WEDNESDAY ## THURSDAY ## FRIDAY

ALPHA BETA GAMMA DELTA EPSILON ZETA ETA THETA IOTA KAPPA

JAN FEB MAR APR MAY JUN JUL AUG SEP OCT NOV DEC

<u>SATURDAY</u>　　　　　<u>MONDAY</u>　　　　　<u>TUESDAY</u>

<u>SUNDAY</u>

ALPHA BETA GAMMA DELTA EPSILON ZETA ETA THETA IOTA KAPPA

JAN FEB MAR APR MAY JUN JUL AUG SEP OCT NOV DEC

WEDNESDAY	THURSDAY	FRIDAY

ALPHA BETA GAMMA DELTA EPSILON ZETA ETA THETA IOTA KAPPA

JAN FEB MAR APR MAY JUN JUL AUG SEP OCT NOV DEC

SATURDAY

MONDAY

TUESDAY

SUNDAY

ALPHA BETA GAMMA DELTA EPSILON ZETA ETA THETA IOTA KAPPA

JAN FEB MAR APR MAY JUN JUL AUG SEP OCT NOV DEC

WEDNESDAY

THURSDAY

FRIDAY

ALPHA BETA GAMMA DELTA EPSILON ZETA ETA THETA IOTA KAPPA

JAN FEB MAR APR MAY JUN JUL AUG SEP OCT NOV DEC

SATURDAY

MONDAY

TUESDAY

SUNDAY

ALPHA BETA GAMMA DELTA EPSILON ZETA ETA THETA IOTA KAPPA

JAN FEB MAR APR MAY JUN JUL AUG SEP OCT NOV DEC

WEDNESDAY   ## THURSDAY   ## FRIDAY

ALPHA BETA GAMMA DELTA EPSILON ZETA ETA THETA IOTA KAPPA

JAN FEB MAR APR MAY JUN JUL AUG SEP OCT NOV DEC

SATURDAY

MONDAY

TUESDAY

SUNDAY

ALPHA BETA GAMMA DELTA EPSILON ZETA ETA THETA IOTA KAPPA

JAN FEB MAR APR MAY JUN JUL AUG SEP OCT NOV DEC

WEDNESDAY | ## THURSDAY | ## FRIDAY

ALPHA BETA GAMMA DELTA EPSILON ZETA ETA THETA IOTA KAPPA

JAN FEB MAR APR MAY JUN JUL AUG SEP OCT NOV DEC

SATURDAY

MONDAY

TUESDAY

SUNDAY

ALPHA BETA GAMMA DELTA EPSILON ZETA ETA THETA IOTA KAPPA

JAN FEB MAR APR MAY JUN JUL AUG SEP OCT NOV DEC

<u>**WEDNESDAY**</u>	<u>**THURSDAY**</u>	<u>**FRIDAY**</u>

ALPHA BETA GAMMA DELTA EPSILON ZETA ETA THETA IOTA KAPPA

JAN FEB MAR APR MAY JUN JUL AUG SEP OCT NOV DEC

SATURDAY

MONDAY

TUESDAY

SUNDAY

ALPHA BETA GAMMA DELTA EPSILON ZETA ETA THETA IOTA KAPPA

JAN FEB MAR APR MAY JUN JUL AUG SEP OCT NOV DEC

WEDNESDAY   ## THURSDAY   ## FRIDAY

ALPHA BETA GAMMA DELTA EPSILON ZETA ETA THETA IOTA KAPPA

JAN FEB MAR APR MAY JUN JUL AUG SEP OCT NOV DEC

SATURDAY	MONDAY	TUESDAY
SUNDAY		

ALPHA BETA GAMMA DELTA EPSILON ZETA ETA THETA IOTA KAPPA

JAN FEB MAR APR MAY JUN JUL AUG SEP OCT NOV DEC

WEDNESDAY   ## THURSDAY   ## FRIDAY

ALPHA BETA GAMMA DELTA EPSILON ZETA ETA THETA IOTA KAPPA

JAN FEB MAR APR MAY JUN JUL AUG SEP OCT NOV DEC

SATURDAY

MONDAY

TUESDAY

SUNDAY

ALPHA BETA GAMMA DELTA EPSILON ZETA ETA THETA IOTA KAPPA

JAN FEB MAR APR MAY JUN JUL AUG SEP OCT NOV DEC

WEDNESDAY   ## THURSDAY   ## FRIDAY

ALPHA BETA GAMMA DELTA EPSILON ZETA ETA THETA IOTA KAPPA

JAN FEB MAR APR MAY JUN JUL AUG SEP OCT NOV DEC

SATURDAY

MONDAY

TUESDAY

SUNDAY

ALPHA BETA GAMMA DELTA EPSILON ZETA ETA THETA IOTA KAPPA

JAN FEB MAR APR MAY JUN JUL AUG SEP OCT NOV DEC

WEDNESDAY   ## THURSDAY   ## FRIDAY

ALPHA BETA GAMMA DELTA EPSILON ZETA ETA THETA IOTA KAPPA

JAN FEB MAR APR MAY JUN JUL AUG SEP OCT NOV DEC

SATURDAY

MONDAY

TUESDAY

SUNDAY

ALPHA BETA GAMMA DELTA EPSILON ZETA ETA THETA IOTA KAPPA

JAN FEB MAR APR MAY JUN JUL AUG SEP OCT NOV DEC

WEDNESDAY　　　## THURSDAY　　　## FRIDAY

ALPHA BETA GAMMA DELTA EPSILON ZETA ETA THETA IOTA KAPPA

JAN FEB MAR APR MAY JUN JUL AUG SEP OCT NOV DEC

SATURDAY

MONDAY

TUESDAY

SUNDAY

ALPHA BETA GAMMA DELTA EPSILON ZETA ETA THETA IOTA KAPPA

JAN FEB MAR APR MAY JUN JUL AUG SEP OCT NOV DEC

WEDNESDAY   ## THURSDAY   ## FRIDAY

ALPHA BETA GAMMA DELTA EPSILON ZETA ETA THETA IOTA KAPPA

JAN FEB MAR APR MAY JUN JUL AUG SEP OCT NOV DEC

SATURDAY

MONDAY

TUESDAY

SUNDAY

ALPHA BETA GAMMA DELTA EPSILON ZETA ETA THETA IOTA KAPPA

JAN FEB MAR APR MAY JUN JUL AUG SEP OCT NOV DEC

WEDNESDAY

THURSDAY

FRIDAY

ALPHA BETA GAMMA DELTA EPSILON ZETA ETA THETA IOTA KAPPA

JAN FEB MAR APR MAY JUN JUL AUG SEP OCT NOV DEC

SATURDAY

MONDAY

TUESDAY

SUNDAY

ALPHA BETA GAMMA DELTA EPSILON ZETA ETA THETA IOTA KAPPA

JAN FEB MAR APR MAY JUN JUL AUG SEP OCT NOV DEC

WEDNESDAY

THURSDAY

FRIDAY

ALPHA BETA GAMMA DELTA EPSILON ZETA ETA THETA IOTA KAPPA

JAN FEB MAR APR MAY JUN JUL AUG SEP OCT NOV DEC

SATURDAY

MONDAY

TUESDAY

SUNDAY

ALPHA BETA GAMMA DELTA EPSILON ZETA ETA THETA IOTA KAPPA

JAN FEB MAR APR MAY JUN JUL AUG SEP OCT NOV DEC

WEDNESDAY   ## THURSDAY   ## FRIDAY

ALPHA BETA GAMMA DELTA EPSILON ZETA ETA THETA IOTA KAPPA

JAN FEB MAR APR MAY JUN JUL AUG SEP OCT NOV DEC

SATURDAY

MONDAY

TUESDAY

SUNDAY

ALPHA BETA GAMMA DELTA EPSILON ZETA ETA THETA IOTA KAPPA

JAN FEB MAR APR MAY JUN JUL AUG SEP OCT NOV DEC

WEDNESDAY   ## THURSDAY   ## FRIDAY

ALPHA BETA GAMMA DELTA EPSILON ZETA ETA THETA IOTA KAPPA

JAN FEB MAR APR MAY JUN JUL AUG SEP OCT NOV DEC

SATURDAY

MONDAY

TUESDAY

SUNDAY

ALPHA BETA GAMMA DELTA EPSILON ZETA ETA THETA IOTA KAPPA

JAN FEB MAR APR MAY JUN JUL AUG SEP OCT NOV DEC

WEDNESDAY	THURSDAY	FRIDAY

ALPHA BETA GAMMA DELTA EPSILON ZETA ETA THETA IOTA KAPPA

JAN FEB MAR APR MAY JUN JUL AUG SEP OCT NOV DEC

SATURDAY

MONDAY

TUESDAY

SUNDAY

ALPHA BETA GAMMA DELTA EPSILON ZETA ETA THETA IOTA KAPPA

JAN FEB MAR APR MAY JUN JUL AUG SEP OCT NOV DEC

WEDNESDAY	THURSDAY	FRIDAY

ALPHA BETA GAMMA DELTA EPSILON ZETA ETA THETA IOTA KAPPA

JAN FEB MAR APR MAY JUN JUL AUG SEP OCT NOV DEC

<u>SATURDAY</u> <u>MONDAY</u> <u>TUESDAY</u>

<u>SUNDAY</u>

ALPHA BETA GAMMA DELTA EPSILON ZETA ETA THETA IOTA KAPPA

JAN FEB MAR APR MAY JUN JUL AUG SEP OCT NOV DEC

WEDNESDAY   ## THURSDAY   ## FRIDAY

ALPHA BETA GAMMA DELTA EPSILON ZETA ETA THETA IOTA KAPPA

JAN FEB MAR APR MAY JUN JUL AUG SEP OCT NOV DEC

SATURDAY

MONDAY

TUESDAY

SUNDAY

ALPHA BETA GAMMA DELTA EPSILON ZETA ETA THETA IOTA KAPPA

JAN FEB MAR APR MAY JUN JUL AUG SEP OCT NOV DEC

WEDNESDAY | ## THURSDAY | ## FRIDAY

ALPHA BETA GAMMA DELTA EPSILON ZETA ETA THETA IOTA KAPPA

JAN FEB MAR APR MAY JUN JUL AUG SEP OCT NOV DEC

SATURDAY

MONDAY

TUESDAY

SUNDAY

ALPHA BETA GAMMA DELTA EPSILON ZETA ETA THETA IOTA KAPPA

JAN FEB MAR APR MAY JUN JUL AUG SEP OCT NOV DEC

WEDNESDAY   ## THURSDAY   ## FRIDAY

ALPHA BETA GAMMA DELTA EPSILON ZETA ETA THETA IOTA KAPPA

JAN FEB MAR APR MAY JUN JUL AUG SEP OCT NOV DEC

SATURDAY

MONDAY

TUESDAY

SUNDAY

ALPHA BETA GAMMA DELTA EPSILON ZETA ETA THETA IOTA KAPPA

JAN FEB MAR APR MAY JUN JUL AUG SEP OCT NOV DEC

WEDNESDAY   ## THURSDAY   ## FRIDAY

ALPHA BETA GAMMA DELTA EPSILON ZETA ETA THETA IOTA KAPPA

JAN FEB MAR APR MAY JUN JUL AUG SEP OCT NOV DEC

SATURDAY

MONDAY

TUESDAY

SUNDAY

ALPHA BETA GAMMA DELTA EPSILON ZETA ETA THETA IOTA KAPPA

JAN FEB MAR APR MAY JUN JUL AUG SEP OCT NOV DEC

<u>WEDNESDAY</u>	<u>THURSDAY</u>	<u>FRIDAY</u>

ALPHA BETA GAMMA DELTA EPSILON ZETA ETA THETA IOTA KAPPA

JAN FEB MAR APR MAY JUN JUL AUG SEP OCT NOV DEC

SATURDAY

MONDAY

TUESDAY

SUNDAY

ALPHA BETA GAMMA DELTA EPSILON ZETA ETA THETA IOTA KAPPA

JAN FEB MAR APR MAY JUN JUL AUG SEP OCT NOV DEC

WEDNESDAY

THURSDAY

FRIDAY

ALPHA BETA GAMMA DELTA EPSILON ZETA ETA THETA IOTA KAPPA

JAN FEB MAR APR MAY JUN JUL AUG SEP OCT NOV DEC

SATURDAY

MONDAY

TUESDAY

SUNDAY

ALPHA BETA GAMMA DELTA EPSILON ZETA ETA THETA IOTA KAPPA

JAN FEB MAR APR MAY JUN JUL AUG SEP OCT NOV DEC

WEDNESDAY　　　　　THURSDAY　　　　　FRIDAY

ALPHA BETA GAMMA DELTA EPSILON ZETA ETA THETA IOTA KAPPA

JAN FEB MAR APR MAY JUN JUL AUG SEP OCT NOV DEC

SATURDAY

MONDAY

TUESDAY

SUNDAY

ALPHA BETA GAMMA DELTA EPSILON ZETA ETA THETA IOTA KAPPA

JAN FEB MAR APR MAY JUN JUL AUG SEP OCT NOV DEC

WEDNESDAY   ## THURSDAY   ## FRIDAY

ALPHA BETA GAMMA DELTA EPSILON ZETA ETA THETA IOTA KAPPA

JAN FEB MAR APR MAY JUN JUL AUG SEP OCT NOV DEC

SATURDAY

MONDAY

TUESDAY

SUNDAY

ALPHA BETA GAMMA DELTA EPSILON ZETA ETA THETA IOTA KAPPA

JAN FEB MAR APR MAY JUN JUL AUG SEP OCT NOV DEC

WEDNESDAY	THURSDAY	FRIDAY

ALPHA BETA GAMMA DELTA EPSILON ZETA ETA THETA IOTA KAPPA

JAN FEB MAR APR MAY JUN JUL AUG SEP OCT NOV DEC

SATURDAY

MONDAY

TUESDAY

SUNDAY

ALPHA BETA GAMMA DELTA EPSILON ZETA ETA THETA IOTA KAPPA

JAN FEB MAR APR MAY JUN JUL AUG SEP OCT NOV DEC

WEDNESDAY

THURSDAY

FRIDAY

ALPHA BETA GAMMA DELTA EPSILON ZETA ETA THETA IOTA KAPPA

JAN FEB MAR APR MAY JUN JUL AUG SEP OCT NOV DEC

SATURDAY

MONDAY

TUESDAY

SUNDAY

ALPHA BETA GAMMA DELTA EPSILON ZETA ETA THETA IOTA KAPPA

JAN FEB MAR APR MAY JUN JUL AUG SEP OCT NOV DEC

WEDNESDAY   ## THURSDAY   ## FRIDAY

ALPHA BETA GAMMA DELTA EPSILON ZETA ETA THETA IOTA KAPPA

JAN FEB MAR APR MAY JUN JUL AUG SEP OCT NOV DEC

SATURDAY

MONDAY

TUESDAY

SUNDAY

ALPHA BETA GAMMA DELTA EPSILON ZETA ETA THETA IOTA KAPPA

JAN FEB MAR APR MAY JUN JUL AUG SEP OCT NOV DEC

WEDNESDAY

THURSDAY

FRIDAY

ALPHA BETA GAMMA DELTA EPSILON ZETA ETA THETA IOTA KAPPA

JAN FEB MAR APR MAY JUN JUL AUG SEP OCT NOV DEC

SATURDAY

MONDAY

TUESDAY

SUNDAY

ALPHA BETA GAMMA DELTA EPSILON ZETA ETA THETA IOTA KAPPA

JAN FEB MAR APR MAY JUN JUL AUG SEP OCT NOV DEC

<u>WEDNESDAY</u>	<u>THURSDAY</u>	<u>FRIDAY</u>

ALPHA BETA GAMMA DELTA EPSILON ZETA ETA THETA IOTA KAPPA

JAN FEB MAR APR MAY JUN JUL AUG SEP OCT NOV DEC

<u>SATURDAY</u>   <u>MONDAY</u>   <u>TUESDAY</u>

<u>SUNDAY</u>

ALPHA BETA GAMMA DELTA EPSILON ZETA ETA THETA IOTA KAPPA

JAN FEB MAR APR MAY JUN JUL AUG SEP OCT NOV DEC

WEDNESDAY   ## THURSDAY   ## FRIDAY

ALPHA BETA GAMMA DELTA EPSILON ZETA ETA THETA IOTA KAPPA

JAN FEB MAR APR MAY JUN JUL AUG SEP OCT NOV DEC

SATURDAY

MONDAY

TUESDAY

SUNDAY

ALPHA BETA GAMMA DELTA EPSILON ZETA ETA THETA IOTA KAPPA

JAN FEB MAR APR MAY JUN JUL AUG SEP OCT NOV DEC

<u>WEDNESDAY</u>	<u>THURSDAY</u>	<u>FRIDAY</u>

ALPHA BETA GAMMA DELTA EPSILON ZETA ETA THETA IOTA KAPPA

JAN FEB MAR APR MAY JUN JUL AUG SEP OCT NOV DEC

SATURDAY

MONDAY

TUESDAY

SUNDAY

ALPHA BETA GAMMA DELTA EPSILON ZETA ETA THETA IOTA KAPPA

JAN FEB MAR APR MAY JUN JUL AUG SEP OCT NOV DEC

WEDNESDAY | ## THURSDAY | ## FRIDAY

ALPHA BETA GAMMA DELTA EPSILON ZETA ETA THETA IOTA KAPPA

JAN FEB MAR APR MAY JUN JUL AUG SEP OCT NOV DEC

SATURDAY   ## MONDAY   ## TUESDAY

SUNDAY

ALPHA BETA GAMMA DELTA EPSILON ZETA ETA THETA IOTA KAPPA

JAN FEB MAR APR MAY JUN JUL AUG SEP OCT NOV DEC

WEDNESDAY   ## THURSDAY   ## FRIDAY

ALPHA BETA GAMMA DELTA EPSILON ZETA ETA THETA IOTA KAPPA

JAN FEB MAR APR MAY JUN JUL AUG SEP OCT NOV DEC

SATURDAY

MONDAY

TUESDAY

SUNDAY

ALPHA BETA GAMMA DELTA EPSILON ZETA ETA THETA IOTA KAPPA

JAN FEB MAR APR MAY JUN JUL AUG SEP OCT NOV DEC

WEDNESDAY   ## THURSDAY   ## FRIDAY

ALPHA BETA GAMMA DELTA EPSILON ZETA ETA THETA IOTA KAPPA

www.ingramcontent.com/pod-product-compliance
Lightning Source LLC
Chambersburg PA
CBHW050210230526
45470CB00001B/325